Les expériences sur le son d'Ernst Chladni

CLING!

Écrit par
Darcy Pattison
Illustré par
Peter Willis
Traduit par
Natalia Kozan

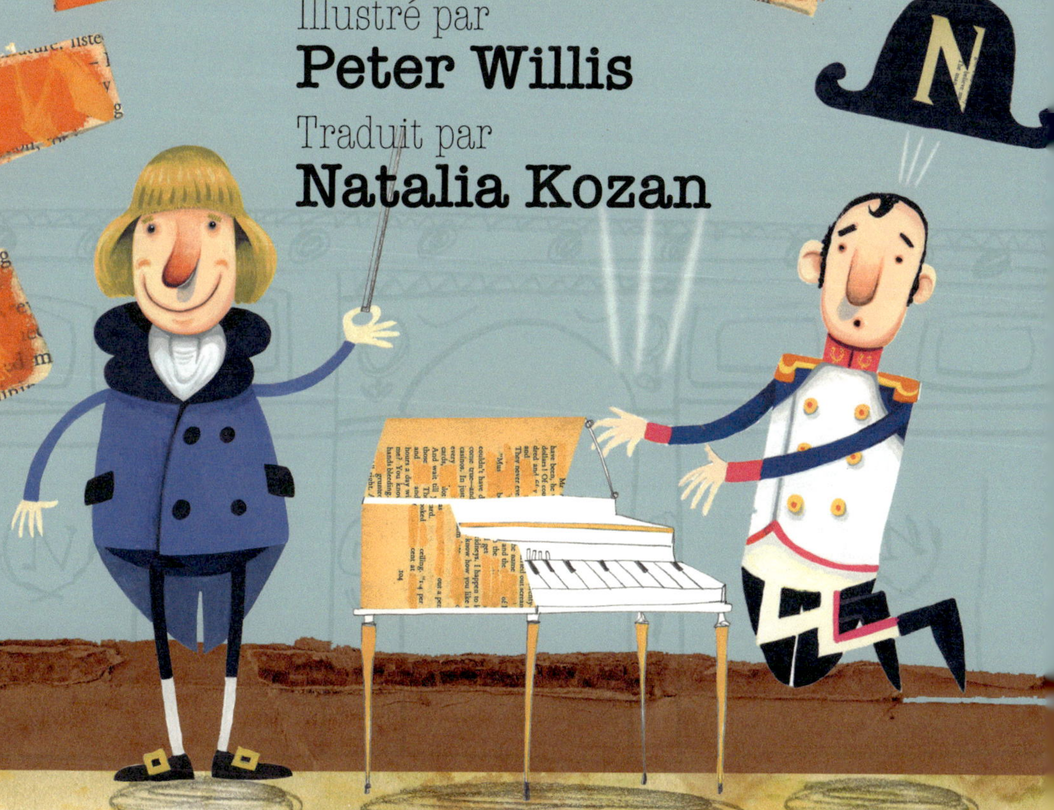

CLING ! Les expériences sur le son d'Ernst Chladni, par Darcy Pattison
Illustré par Peter Willis

Mims House
1309 Broadway
Little Rock, AR 72202 USA

MimsHouseBooks.com

Catalogage de l 'éditeur
Données de Publication
Nom : Pattison, Darcy, auteur : Willis, Peter N., illustrateur. Kozan, Natalia, traductrice
Titres : CLING ! Les expériences sur le son d'Ernst Chladni / écrit par Darcy Pattison, illustré par Peter Willis.
Description : Little Rock, AR. Mims House, 2018
Identifiants : ISBN 978-1-62944-166-5 (couverture rigide) | 978-1-62944-167-2 (pbk.) |978-1-62944-168-9 (ebook) | LCCN 2017915973
Sujets: LCSH Chladni, Ernst Florens Friedrich, 1756-1827 - Littérature Jeunesse. | Son--littérature Jeunesse | Physiciens-Allemagne ; --Biographie | Musique—L'Acoustique et la Physique—19éme siècle- ; Littérature Jeunesse|Allemagne-- Histoire—19ème siècle ; |BISAC OUVRAGES BIOGRAPHIQUES|BIOGRAPHIE & AUTO-BIOGRAPHIE /HISTORIQUE|BIOGRAPHIES JEUNESSE/ BIOGRAPHIE & AUTOBIOGRAPHIE
Classification: LCC QC16.C5 P38 2017 | DDC 530.092--dc23

AU COURS DE L' ANNÉE

1806

Ernst Florens Frieddrich Chladni (KLOD-Nee) ferma la porte de sa maison de Wittenberg, en Allemagne, . . .

DR
CHLADNI

...monta dans sa spatieuse calèche, et quitta la ville. Il n'y retournerait que quatre ans plus tard. Chladni était un scientifique qui étudiait le son. Contrairement à de nombreux scientifiques de cette époque, Chladni ne travaillait pas pour une université. Au lieu de ça, il voyageait parce qu'il gagnait sa vie en divertissant les gens avec ses expériences sur le son.

Chladni parcourut les Pays Bas et Bruxelles pendant deux ans. En 1808, Chladni partit pour Paris, en France. Là-bas, il rencontra des scientifiques français qui admiraient son travail.

Les scientifiques français avaient tout particulièrement aimé le livre qu'il avait publié en 1802, Die Akustik, ou L'Acoustique. Le livre expliquait la science du son et les vagues de son. Cependant, le livre était écrit dans la langue natale de Chladni, l'allemand. Les scientifiques français encouragèrent Chladni à traduire le livre en français.

Die
Akustik

Mais Chladni avait deux problèmes. Premièrement, il avait besoin de suffisamment d'argent pour vivre pendant qu'il faisait son travail. En second lieu, il avait besoin de quelqu'un pour s'assurer du fait que son français était correct.

Les amis de Chladni, les scientifiques français, décidèrent de l'aider à résoudre ces deux problèmes.

A 19h un mardi soir du mois de février 1809, une calèche s'arrêta au Palais des Tuileries à Paris, en France. C'était la maison du célèbre Napoléon Bonaparte, l'empereur du peuple français. Peut-être que l'Empereur Bonaparte aiderait à financer le livre de Chladni.

Quand Chladni est entré, Napoléon lui souhaita la bienvenue. Il présenta Chladni à sa femme, à sa mère, à son oncle et à son assistant.

Rapidement, Chladni installa son matériel. Pour commencer, il les amusa en jouant du clavicylindre, un instrument de musique qu'il avait inventé. Cela ressemblait vaguement à un piano, mais les pianos créent du son en allant heurter des fils de différentes longueurs.

En revanche, le clavicylindre, lui, produisait du son en faisant tourner un cylindre de verre. Quand il touchait l'une des touches du clavier, une tige se déplaçait en avant pour toucher le cylindre. La tige vibrait et produisait un son. Chladni joua quelques partitions sur le clavicylindre. Cela plut à tout le monde.

Napoléon demanda s'il pouvait jouer du clavicylindre. Chladni était d'accord, mais il insista sur le fait que cela devait se jouer doucement à cause du cylindre de verre. Au lieu de quoi, Napoléon frappa fort les touches du clavier ! Heureusement, le clavicylindre ne se cassa pas.

cling!
cling!
cling!
cling!

Napoléon murmura à l'un des scientifiques français :

Chladni entendit par hasard la question de l'Empereur. Il répondit :

Il ne voulait permettre à quiconque de regarder à l'intérieur parce qu'il avait peur que quelqu'un ne lui vole son invention.

Par la suite, Chladni entreprit de faire une démonstration d'expériences sur le son. Les vagues de son sont difficiles à étudier parce qu'elles ne peuvent pas être vues. Au tout début de sa carrière, Chladni étudia la façon dont le son avait été créé en faisant vibrer les cordes d'un instrument de musique. Après cela, il étudia la vitesse à laquelle les vagues de sons bougeaient à travers l'air d'un orgue. Mais ses expériences les plus connues traitaient de la façon dont le son voyageait à travers des solides, tels que des métaux ou du verre.

Chladni commença son expérience sur le son pour l'Empereur en centrant une plaque en laiton sur un seul support. Du sable fut saupoudré sur la surface de la plaque. Il utilisa un archet de violon pour en donner

un coup sur le côté de la plaque en laiton.

Lorsque la vague de son voyagea à travers la plaque, cela fit vibrer le laiton.

Les vibrations poussèrent le sable autour. Du sable se regroupa aux endroits où la plaque en laiton ne vibrait pas.

Des sons très graves produisaient des formes simples. Des sons aigus produisaient des formes complexes.

Plaque de métal- solide
vibrant

L'audience était fascinée par les formes des vagues de son dans le sable.

Napoléon savait que les mathématiques peuvent expliquer la science. Il demanda à Chladni d'expliquer cette science, la façon dont les vagues de son voyagent à travers des solides. Bien que Chladni en comprenait une partie, il n'avait pas la totalité du raisonnement mathématique.

Les figures d'ondes sonores de Chladni faites par le sable

TRAITÉ
d'acoustique
1809
ÉCRIT PAR
Chladni
14
6000
FRENCH FRANC

Le matin suivant, Napoléon envoya à Chladni un don de 6000 francs pour traduire son livre en français. C'était suffisant pour Chladni pour vivre confortablement pendant plusieurs années, pendant qu'il travaillait sur la version française de son livre.

Il était difficile pour Chladni d'écrire sur le son en langue française . Par exemple en allemand, il pouvait écrire "schall" (retentir ou carillonner), "klang" (cling ou cling clong) et "ton" (résonner , retentir). Mais le français n'avait qu'un mot pour le son, "son."

Des scientifiques français aidèrent Chladni pour ce qui est de la langue. Son nouveau livre, Traité d'Acoustique, ou Treaty of Acoustics fut publié en français en novembre 1809.

Au début du livre, Chladni a écrit cette dédicace:

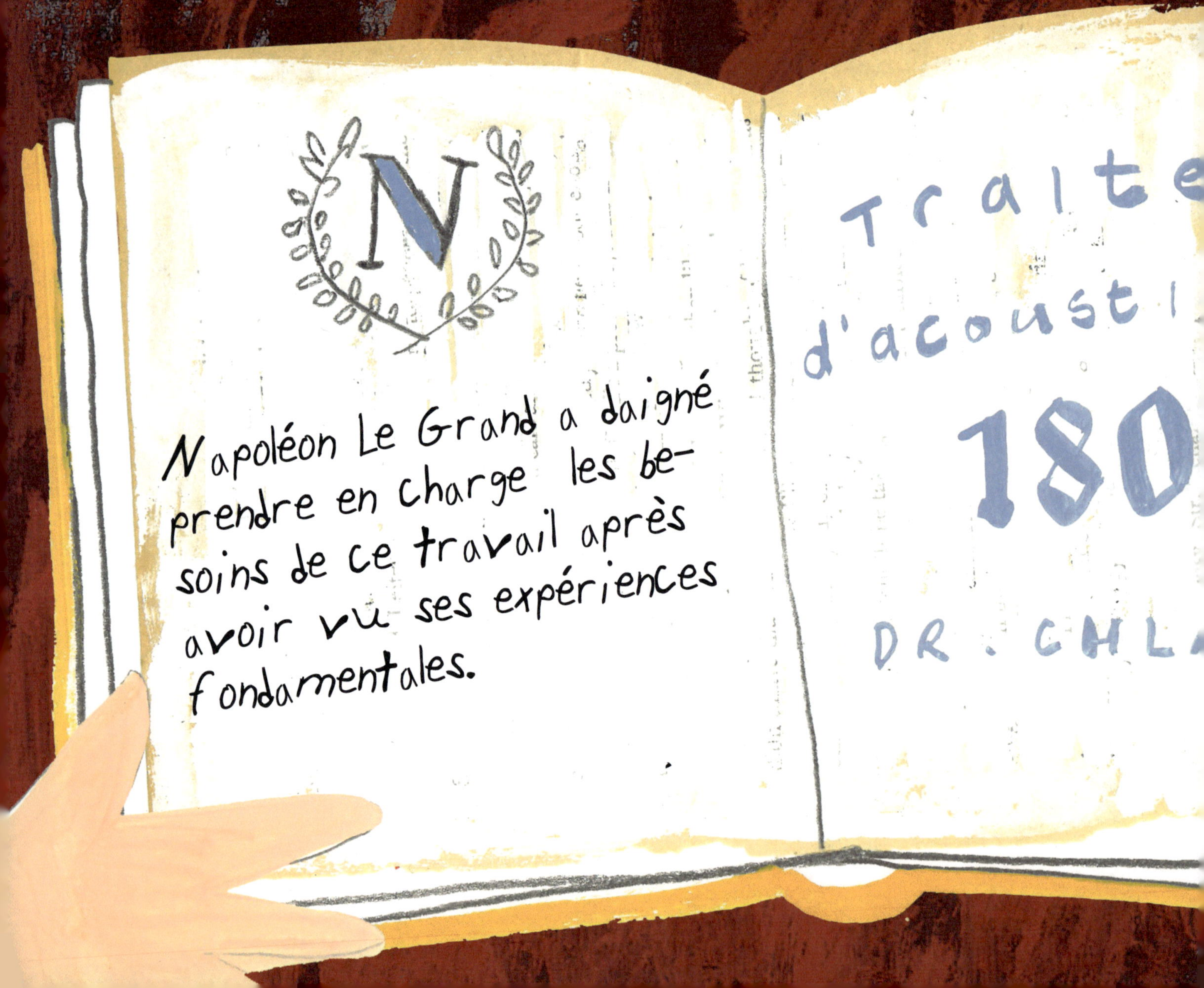

Les historiens des sciences disent que le livre de Chladni fut révolutionnaire. Il a créé un nouveau champ d'étude scientifique, l'étude du son, ou l'acoustique.

son !
son !
son !
son !
TRAITE
d'acoustique
1809
ÉCRIT PAR
Chladni

QU'EST-CE QUE LE SON?

Admettons que tu étires un élastique autour d'une boîte. Quand tu lâcheras l'élastique, tu entendras un son. Tu remarqueras que l'élastique ne produit pas le son. Il est produit plutôt quand l'élastique vibre parce que tu l'as lâché. Les vibrations créent des vagues dans l'air. L'oreille humaine entend les vagues et les interprète comme étant du son.

Quand Chladni étudiait le son, il étudiait la façon dont les vibrations pouvaient être produites en faisant vibrer différentes choses. Il étudia les colonnes d'air vibrantes en étudiant les orgues. Il étudia les fils vibrants en regardant des instruments de musique tels que la guitare ou le violon. Enfin, il étudia les solides vibrants en étudiant les vibrations de plaques de métal ou de verre.

ERNST CHLADNI, LE FONDATEUR DE L'ACOUSTIQUE

Ernst Florens Friedrich Chladni (KLOD-nee) (1756 – 1827) était un scientifique allemand, également artiste. Il utilisa des expériences scientifiques et la musique pour divertir et enseigner à travers l'Europe. Ses expériences sur le son l'ont rendu célèbre. En 1802, il publia Die Akustik (L'Acoustique) dans sa langue d'origine, l'allemand. Des amis et collègues scientifiques à Paris lui demandèrent de traduire le livre en français.

Cependant, Chladni n'était pas comme la plupart des scientifiques de l'époque. Il ne travaillait pas pour une université, ce qui signifiait qu'il devait trouver de l'argent par d'autres moyens. En février 1806, des scientifiques présentèrent Chladni à l'Empereur Napoléon Bonaparte. Grâce au soutien de l'Empereur, il put passer le temps dont il avait besoin pour finir son livre en français, Traité d'Acoustique, ce qui lui valut le titre de Fondateur de l'Acoustique. Les scientifiques ont toujours coopéré malgré les frontières internationales, et le progrès n'arrive souvent que lorsque ce type de coopération survient.

LE CLAVICYLINDRE- L'instrument musical de Chladni

Le clavi-cylindre produisait de la musique en faisant tourner un cylindre de verre puis en bougeant des fils accordés pour toucher le cylindre et couper le son. C'était un instrument délicat à jouer parce que le cylindre central était en verre. Seuls quelques instruments sont encore exposés disponibles dans des musées.

LE FONDATEUR DE L'ÉTUDE DES MÉTÉORITES

Lorsque Chladni voyagea à travers l'Europe, il a aussi récolté plus de 40 météorites. Avec cette collection à disposition, il pouvait faire des observations à la fois nouvelles et intéressantes. Il fut le premier à avancer le fait que les météorites venaient de l'espace. Quelques années plus tard, il inclut les météorites dans ses conférences et démonstrations. Certaines personnes appellent Chladni le "Père de l'étude des météorites." Un petit cratère d'impact lunaire a été appelé Chladni en son honneur.

LES MATHS DU SON

Après avoir parlé avec Chladni, l 'Empereur Napoléon proposa 3000 francs pour quiconque écrirait une théorie sur les vagues de son. Le prix a été gagné en 1816 par la mathématicienne française Sophie Germain, la première femme à gagner un prix de l'Académie des Sciences de Paris.

SOURCES

Après l'audience avec Napoléon, Chladni écrit un article sur la soirée avec Napoléon pour le Cascilia, un magasine de musique allemand. L'article fut cité dans la biographie de 1888 écrite par Franz Melde, Chladni , la vie et l'histoire. Cette histoire est basée sur le récit par Chladni lui-même de sa rencontre avec Napoléon.

Made in the USA
Monee, IL
05 November 2026

67379944R00021